用現成調味料快速做出油香、醬香、素食、異國風味乾拌麵

快吃快拌麵

駱進漢 著

目錄

第一章 人人皆愛的 快吃快拌麵

第二章 先準備 現成的醬料

第三章 先準備 現成的麵條

第四章 自己做基礎油脂、 醬汁與增香配料

第五章 快拌麵的烹煮原則

第六章 快拌麵食譜

廚師這行我已經做了三十幾年，大家對我最為熟悉的就是在電視上做菜的印象。很多人看到我都說，「駱師父我常在電視看到你耶，做那個菜怎麼看起來那麼好吃，怎麼做的啊？怎麼看你做都很簡單，自己來就不知道該怎麼下手？」老實說一點也不難，原汁原味，別過度的烹調及調味，把食材本身的鮮味提出來，掌握基本的料理概念，也能輕鬆煮出像大廚一樣的料理。

我也出了很多本料理食譜，讓婆婆媽媽們可以在家簡單的做料理。跟著食譜做，也都能保持食物的鮮甜味道，若不想親自下廚，在圓山捷運站附近有一間我開的餐館——「駱師父醬味川客菜」，也能吃到像我煮的料理。

近幾年「方便」成為一種飲食習慣，大家都懶得出門，直接把手機打開，叫外送宅配到家，或自己煮些簡單料理。而年輕人都選最為簡單的泡麵來飽足一餐，但是泡麵裡添加很多碳水化合物及對人體有害的鈉，吃多了容易造成很多慢性疾病。

近年市場上出現很多熱門食品，其中之一就是乾拌麵，而且各品牌紛紛找了很多藝人合作，吃法簡單就和泡麵一樣。將水煮開，丟入麵體，煮熟後撈出再拌入醬包，加一些簡單配菜，就像是大師煮的一碗麵。尤其口味多變，不再只是單單幾樣，種類多到都吃不完，因此才使得乾拌麵市場越做越大。這時就有些婆婆媽媽提問，難道這些包裝食品就不會對人體有危害嗎？其實多多少少會有，畢竟還是會放些許的防腐劑保存。市面上的乾拌麵品牌無添加防腐劑的也是有，但是保存期限就會比較短，假如要吃的健康，自己親手做最為安心。

上一本推出的《在家乾拌麵》食譜備受好評，是利用原始的食材和調味料去調煮成一罐罐的拌醬，冷卻後放入冰箱冷藏保存，方便隨時取出與煮好的麵條拌勻食用，做法既簡單又健康。不過有人提問，難道沒有更快速更特別的拌醬嗎？這次推出的《快吃快拌麵》食譜不一樣的地方是，拌醬風味特別新穎，添加許多你想不到的醬料，絕對沒有在市面上出現過，也絕對營養健康，最重要的就是「快速」完成。因為善用市場上的現成原味油脂和醬料，再與其他調味料混合調配，就成為口感協調、層次感豐富、味道更佳的拌醬。這些拌醬只要兩三分鐘即可完成，將它拌入煮熟的麵條之中，就是一碗馬上可以吃的乾拌麵。

「吃的健康，才是王道。」這句話很重要，我自己做食物也都要求原汁原味，不做過多的調味，以保持食材原本的鮮甜，才能讓大家吃得健康又開心。

第一章

人人皆愛的
快吃快拌麵

如何做出令人垂涎的拌麵醬？

　　其實非常簡單，只要多用點心思，用市面上隨手可得的各種原味油脂和百種調味料去搭配調合，即可快速做出豐富又好吃的醬汁。像是雞油雞絲拌麵，利用天然的雞油及雞胸去料理，製作過程中不添加任何防腐劑，好吃又吃得健康。有人問：一定得在拌麵中加入油脂嗎？油脂有存在的必要性。加入適量油脂不至於讓整碗麵變得更油，而是讓整碗麵更滑潤順口，不會吃起來乾乾的難以下嚥。

◑ 講究：醬、油、水的重要比例

　　做乾拌麵的醬汁必須注意幾點，成分一定要有醬、油及水，才能融合出潤口滑順的醬汁。其中「水」，可以使用煮麵時的麵水，才不會使麵太乾口；「油」，比例要拿捏好，太多就會變得太油，吃久了會膩口反胃；最重要的是「醬」，是整碗麵的精隨，醬汁的比例一調錯，要救也救不回來了。

◐ 追求：鹹、鮮、酸、甜、辣、麻、香 七種風味的平衡感

特別要說明調製拌醬的部分，如何把適合的調味料和醬汁搭配在一起，同時能改善現成調味料和罐裝醬料的風味，顯得格外重要。例如，將大部分現成罐裝醬料，加上糖、白醋、米酒、醬油或胡椒粉，會使得醬料味道不只單一而更有變化，味道也不再是死鹹或是過甜。乾拌麵要好吃需要具備七種風味：鹹、鮮、酸、甜、辣、麻、香。舉例說明，像是其中的「鹹」，是因為麵體與醬油和鹽三者做調和之後，讓味道更優質；而「鮮」是因為湯頭與調味料的鮮味，使整碗麵的味道更佳。

這本書就是要教你掌握這七種風味的比例，經過混合調煮後，做出來的醬汁口感才會平衡順口，就如同天然食材做出來的一樣好，讓拌麵的味道更豐富更獨特。所以每個細節都很重要，缺一不可，為了吃得健康，多用點心思，用現成調味料快速做出來的乾拌麵，也能讓你在肚子餓時立即得到滿足，成為生活上的一點小確幸。

這本書非常容易上手，醬汁配方追求大眾喜好，醬汁比例追求協調，讓你可以輕鬆煮出像大廚一樣的料理，再添加自己喜歡的配菜和配料，做出獨門口味的乾拌麵一點都不難。一旦有客人來家裡作客，也不用煩惱需要準備什麼大菜來招待，一人一碗乾拌麵就是非常令人滿足的餐點了。

如何快速
完成一碗拌麵？

　　快拌快吃的關鍵在於，不要花太多時間去處理食材和熬煮醬汁，只要善用現成的調味料和麵條，一樣能做出好吃的乾拌麵。

◐ 善用現成罐裝醬

　　能快速地做出乾拌麵的最大原因，是利用半成品的醬料，經由自己加工做成醬汁。例如使用超商或賣場購買的各種罐裝調味醬，調理時再加上醬油、糖及水去融合，配上喜歡的配料組合，即可做出美味的醬汁。因為使用一般速成的醬汁，可以減少煮醬的時間，只要加上簡單的調味料就可以很快速地變成拌麵醬汁。

◐ 善用現成乾燥麵

　　本書使用的是現成乾燥麵條，讓忙碌的你可以隨時取用，隨時都可以吃到乾拌麵。要注意的是，使用新鮮的手工麵條，無法放在常溫下保存，即使放入冰箱冷藏也不能太久，所以烹調的速度要加快；但是選擇現成的乾燥麵，雖然煮熟的時間比較長，需要的水分也比較多，

但是保存期限較久，在家中也方便儲放。你可以依照生活型態自行選擇。

　　四十八種乾拌麵，包括醬香快拌麵、油香快拌麵、素食快拌麵、異國風味快拌麵，讓上班族沒有時間作飯時、家人在晚上肚子餓想吃消夜時、不會做菜的烹飪新手想要餵飽自己時、不想麻煩的懶人想快速解決三餐時，都得以立刻飽足一餐。而且素食主義者終於有更多選擇了，喜歡吃異國料理的人也能隨時得到滿足。

第二章

先準備
現成的醬料

現在的食物烹調方式有所改變，以至於出現方便烹煮的罐裝醬，也有些油脂在一般常溫下可保存，而且不會變質，一樣能保持著香氣。另外調味粉也多元化了，在料理中添加調味粉，能使食物增添層次感，一般賣場販售的不管在風味或香氣上都有一定的品質。

在選購時，要注意粉類調味品不能有受潮的凝固狀，要像沙子般粒粒分明。而各類的油脂、調理粉、罐裝調味醬，有些為了儲藏久一點，太油太鹹，所以調味時的用量要拿捏好。喜歡清淡或重口味，可以自己做調配。總之選購醬料或調味品，一定要選有品牌的，才有品質保證。

油脂類

油脂在乾拌麵中扮演的角色，不只是讓麵條容易拌開，也因不同油脂帶來不同的風味和香氣，所以從每一道乾拌麵不能或缺的三元素：水、油、醬中可以了解它的重要性。以下說明市面上可以購得的各種油類，減少自己熬煮的時間，方便快拌快吃。

鵝油富含不飽和脂酸，是對於人體最不會造成負擔的脂肪，這說明了鵝油與一般動物脂肪相較之下較為健康。它能讓麵條增加鵝油的香味，而且食用時更滑口，也能產生油亮感而增加食慾。當麵條沾黏在一起時，鵝油較容易把麵條均勻拌開。如果要自己炸鵝油，先將鵝油切成小丁，用慢火熬煮，當油脂的香氣產生時，再等油質完全炸出之後，即能成為鵝油。

麻油也是用芝麻製成，跟香油的差別在於芝麻中的含量較多。芝麻可分黑芝麻及白芝麻。以白芝麻製成的稱為香油、小磨麻油，以黑芝麻製成的稱為胡麻油或麻油。麻油的香味比較重，可加上少許的米酒調拌，會讓麵條更有味道。喜歡吃重口味的人可多添加，具有濃厚的麻油香氣。

是花生經過榨油加工製成，味道香濃深受大家喜愛，其中含有人體所必需的幾種胺基酸，營養價值很高，可預防心臟病且去除有害的低密度脂蛋白。拌入麵中會產生花生香，吃起來味道更香更順口，且較容易使結團的麵條拌開。

辣油就是辣椒油的簡稱，和辣粉及辣醬不同。主體為油狀物，是一種在亞洲地區大量使用的調味料，且在韓國、日本、中國、泰國都有不一樣的辣油種類。當麵條沾黏在一起時，拌入辣油較容易把麵均勻攪開，而且會產生辣香的味道，喜歡吃辣的人可以使用。

又稱為山茶油，是指從油茶、短柱茶等成熟種子中所提取的植物油。所榨出的茶籽油，含油酸、亞油酸等不飽和脂肪酸。能讓麵條帶有一點點茶香的味道，適合細麵、泡麵、白麵。

又稱薑茸，其實是一種粵菜中的調味料，主要是由薑、蔥、鹽及油製成，通常都會把它鋪在已烹調好的雞或魚等肉類上，再澆上燒熱的油，就像是我們常見的蔥油雞。蔥香的味道獨特，拌入麵中會產生蔥香，吃起來更有油蔥香，且較容易使結團的麵條攪開。喜歡吃重口味的人可多放蔥油。

香油就是俗稱的芝麻油，是從芝麻中提煉出來的植物性油脂，具有特別的香味。香油萃取可分為水代法、壓榨法和壓濾法這三種方式。含有豐富的亞油酸和維生素E，可降低血脂及血壓、促進微循環。香油裡有芝麻的香氣，在拌麵時可讓麵產生獨特的芝麻香味。而且利用香油拌麵，較容易使麵條拌勻拌開。

蒜油的做法有冷油泡製及熱油爆香兩種。其中的冷油泡製雖方便，但需待數周才能食用，且生蒜頭氣味較輕；而熱油爆香的完成速度就快很多，而且香氣很足，拌入麵中會產生蒜香，吃起來更有蒜頭香。喜歡吃重口味的人可以多放蒜油。

油辣或紅油的原料為花椒，是原產於四川特有的辣油，特點為麻而不辣，比起其他辣油，其色澤特別橘紅渾濁。花椒油有一點麻香味，拌入麵中會產生麻香味，適合拌入白麵、波浪麵和細麵。如果要自己熬製，先將油脂加熱到 80℃以下，之後放入花椒粒並待至油溫冷卻即可。花椒油本身味道麻香，加入醬油、辣油、糖、少許白芝麻最為適合。

是一種大眾常用的食用油。新鮮的橄欖油可以直接用來做涼拌菜，像生菜沙拉。若不喜歡味道太重，選擇清爽順口的橄欖油最佳。適合用於細麵、波浪麵、寬麵。橄欖油有各種不同風味，像是新鮮冷壓初榨橄欖油，通常會有青草、青蘋果、梨子或是杏仁核果等香氣。

醬料類

烹煮食材時，不僅要注意食材的品質，醬料也很重要。選對醬料，能讓乾拌麵吃在嘴中的感覺不再是單一，而是更有層次。

是由各種豆類製品製成，釀造出一種發酵的紅褐色調味料，主要以黃豆或蠶豆為原料，根據大家喜好不同，在生產過程中會加入香油、豆油、辣椒等原料。豆瓣醬是四川菜的必備佐料。能增加乾拌麵辣豆瓣香氣，使整碗麵顏色亮麗。喜歡吃辣味的人，也可以使用豆瓣醬。

是指用各種辣椒製作出來的醬料，通常口味以辛辣為主。不同品牌有不同的味道，像是會添加甜、酸、鹹等味道，才使市面上的辣椒醬口味那麼多種。它能讓乾拌麵帶有辣椒的香氣，尤其喜歡口味重的人可以添加辣椒醬，會更香更好吃。

是以花生為主要材料製作而成，有著花生的香氣。拌入乾拌麵的醬汁中，味道滑順可口並帶有自然的香氣。顆粒大的花生粒加入拌麵中，會有嚼勁的口感；顆粒較小的花生碎拌入麵中，會有較細緻的口感。

肉醬分很多種類，最常見的就是來自義大利的番茄肉醬。用不同食材可做出不同風味的肉醬。喜歡味道偏重的，可加入肉醬會使拌麵味道更好。

用生芝麻磨成泥做成的醬料，是中東國家常出現的調味品。
如果想要讓胡麻醬味道更香，在研磨之前，先把芝麻炒過，
味道會更好。拌麵醬汁放入胡麻醬，味道會更濃郁。它比
白芝麻醬的質地更細一點，香味更香，口感也更濃厚。

簡稱麻醬，是把芝麻磨成粉末調製而成的一種較為黏稠
的半固體醬。開封後就得冷藏，若放在高溫下，會使芝
麻醬變質且不好吃。因芝麻的顆粒小，拌麵時更容易入
味。喜歡芝麻味重的時候可以使用。大顆粒吃起來有嚼
勁，小顆粒更容易入味。

凱薩醬的主要材料是蛋黃醬，在蛋黃醬中再加入黑胡椒、
芥末、大蒜、魚露製成。多用於凱薩沙拉。不同牌子的
凱薩醬味道相差很大。喜歡吃清淡拌麵的人，可以選擇
凱薩醬作為拌麵醬汁。

是一種具有鹹味的日本調味品，添加味噌會使麵
食更有日本風味。能增加拌麵的濃郁口感。喜歡日
式料理的人，可以添加味噌做為拌麵醬。淺色味
噌，口味較淡，味道清爽;而深色味噌，口味較重，
口感濃醇。

泰國有許多種咖哩醬，而紅咖哩醬是其中最受歡
迎的。不同家庭各有不同的做法與配方，但基本
材料一定會有乾辣椒、香菜根、大蒜、香茅、乾
蔥、南薑、青檸和蝦醬。咖哩醬中有濃厚的辛香
料味，能讓拌麵的香氣十足，醬汁沾附於麵條上
更容易入味。

泰式甜辣醬的主要食材為辣椒，搭配其他精緻食材調出甜酸且微辣的口感，適合沾炸物或是燒烤。作為拌麵的調拌醬汁，能使麵條具有南洋風味。喜歡吃酸味口感的人可以使用。

主食材為黑胡椒，含有濃郁的黑胡椒香氣，辣度適中。沾醬、拌炒或是做為醃醬都很適合。喜歡吃重口味的拌麵時，可以搭配寬麵一起調拌。

一種適合大眾口味的調味料，料理方式多樣化，可當醃醬、拌炒醬或是沾醬。可以讓拌麵含有蘑菇的味道。喜歡吃菇類食物的人可以使用。

剝皮辣椒是台灣台東、花蓮一帶的特產。一般是用青辣椒經過油炸、剝皮，再用醬油、糖、鹽等醃漬製成。剝皮處理是為了使其口感更好。當作拌麵的醬汁，能讓口感更豐富。喜歡辣味的人可以使用。

燒烤醬是一種醃料調味品，用於燒烤烹飪，或製作肉餡調味時可搭配使用，是美國南部非常普遍的調味料。能讓拌麵增加炭烤的味道。喜歡重口味的人可以選擇。

沙茶醬是早年移民南洋的華僑帶回台灣後，成為最大眾
且好料理的調味品，主要原料為扁魚、大蒜、蝦米、鹽、
蔥干、黃豆油、辣椒等香辛料。覺得拌麵味道太淡時，
可加入沙茶醬，因為提煉出來的扁魚及蝦米香氣，能使
拌麵的味道更香更濃郁，是重口味的人最喜歡的調味品
之一。注意下手不能太重，否則味道會太鹹。

主要是用成熟的番茄製作出來的調味料，味道酸、甜且
鹹。現代番茄醬的基本原料是番茄、糖、醋、鹽、丁香、
肉桂及其它香料做成。拌麵中加入炒過的番茄醬，能讓
顏色更加紅潤。

香椿醬是一種素食醬料，主原料為香椿芽及嫩葉、
香油、芝麻、鹽、花生等。當吃素者覺得食物味
道沒什麼變化時，可選擇香椿醬調味，具有獨特
的香氣，素食者常把香椿醬用在炒飯、炒菜、拌
麵或是涼拌菜上。用它來拌麵條時，麵體容易沾
附香椿醬，味道更加濃郁。

是將豆腐利用黴菌發酵且醃製而成，為東亞飲食中的
常見佐料。能讓拌麵含有香濃的豆腐乳味道，使味道
更容易留在麵條中。豆腐乳有很多種口味，喜歡重口
味可以選擇有辣味的。

是台灣三十多年裡常見的調味醬，具有道地的家鄉口味，能讓食材更加美味，常用於泡麵或是拌麵上。使用在細麵上，更快入味。

XO 醬來自 80 年代的香港，利由各種名貴材料製成，香辣開胃，味道鮮中帶辣，主要成分為辣椒、干貝、火腿肉、紅蔥頭。讓拌麵有海鮮的味道。拌入寬麵、波浪麵最適合，容易附著醬汁，吃起來更過癮。

甜麵醬是以小麥麵粉為原料的釀造醬，顏色鮮艷有光澤，為黃褐色或紅褐色，有醬香氣，主要味道以甜為主，略帶鹹味。想讓醬汁有濃稠的味道，可以用甜麵醬調合。拌入寬麵、波浪麵，甜麵醬的味道更濃郁。

使用椎茸昆布、新摘海苔，還添加香菇製作而成，有獨特的口感，拌飯或沾麵包都很適合。能使麵條有清爽的海苔鮮味。用在泡麵、波浪麵上最適合。

使用鹹蛋黃製成，香味和口感濃郁，可添加至各種料理中，搭配海鮮、蔬菜、酥炸料理時，能提升料理的風味。應用在拌麵中，會產生沙沙的口感。適合細麵或波浪麵。

是台灣六零年代大眾所熟悉的醬料，使用黃豆為原料製成，在台灣的各式料理和小吃上都可使用，用來熱炒或當炸物的沾醬都很適合。當麵體只有單一味道時，加入海山醬，可增加一點點辣甜味。適合作為細乾麵的醬汁。

海山醬

紅蔥醬

使用台灣在地的紅蔥頭，口感極佳。能使麵有獨特的紅蔥香氣。自己熬煮紅蔥醬的時候，一定要把紅蔥頭切薄片，加油並用慢火炒至金黃色，即可製作成紅蔥醬。

是一種具有強烈鮮明味道的調味料，由芥菜類蔬菜的籽研磨摻水調製而成。當拌麵味道清淡時，可添加一點芥末醬，使拌麵吃起來有刺鼻的香氣。

芥末醬

韓國辣醬

以紅辣椒為主要原料發酵製成的韓國傳統醬料，另外還加入辣椒粉、大豆麴。能讓拌麵增添辣甜味，充滿異國風味。喜歡吃細麵或波浪麵，且喜歡又辣又甜的味道時，最適合使用。

柴魚醬

使用鰹魚釀造出來的醬油，其味道甘鮮無腥味，可取代醬油。使用在涼拌麵中，有清爽調理的作用。油麵、日式料理用的蕎麥麵、紅糟麵都適合搭配使用。

調味料能讓料理添加層次感。舉例來說，喜歡吃辣的，可添加辛辣的辣椒粉或胡椒粉；喜歡麻的口感，可在料理上灑點花椒粉；當料理淡而無味時，可添加鹽和糖調合。學會添加調味料也是一種學問。

以大豆、黑豆、小麥等穀類製作合成，可以讓拌麵有黑豆的香氣。每一種醬油的成分都不同，所做出來的醬油風味也會不同，有黃豆香或黑豆香。味道甘醇的可以使用於涼拌菜，味道重的適合放在煮菜的醬汁中。為了讓拌麵有鹹味，加入醬油最好，不只有鹹味，還會有甘甜味。

醬油膏通常是以醬油釀造而成，醬香味濃，因添加天然糯米，其味道甘甜適中，可以讓麵條更容易附著醬汁。通常鹹味比較淡，但是可以使拌麵的顏色更為油亮。

鮮味露是德國當地家庭必備的經典調味料。以小麥蒸餾精製而成，味道香濃馥郁，適合各種烹調變化，提升菜餚的自然鮮味。鮮味露可以讓拌麵的醬汁增添鮮味，讓鹹度比較柔和。拌麵時覺得味道太鹹，鮮味露可以中和鹹度。

含有各種維生素、礦物質和胺基酸，成分主要為葡萄糖和果糖兩種單糖，比蔗糖更容易被人體吸收。能讓拌麵有蜂蜜香氣，不會死甜。當醬汁過辣或過鹹時可調合其味道。

是一種日式料理調味品，由甜糯米加上麴釀製而成。其中含有甘甜酒味，能去除食物的腥味，其中的甜也能引出食材的原味，是日式照燒類菜中不可或缺的調味料。可以減輕拌麵中的鹹度，增加醬汁中的甜度。不須經過烹煮的涼拌類拌麵醬汁，盡量選擇使用味霖調味，味道比較容易附著於麵上。

味霖

蠔油

利用新鮮生蠔熬成的調味料，其顏色為深啡色，質感黏稠，常見於香港、廣東一帶，大多用於粵菜中。能使整碗拌麵增添海鮮味，像是炒沙茶醬汁時可添加一點蠔油，或是喜歡重一點的調味醬時使用。

利用白細砂糖或鹽等長時間醃製發酵食材後，能產生果醋、五印醋、烏醋等醋製品，每種醋都因製作方式及材料不同，味道有所不同。有提鮮和殺菌的功效，煮過後味道比較不酸。當拌麵味道太清淡時，可以增加鮮味和香味。乾拌麵的酸味主要來源是烏醋及白醋。

醋

椰汁

是從成熟椰子的肉中榨出來的奶白色液體，其顏色與濃郁的味道來自於它的高油量，是東南亞國家中非常重要的食品調味料，可以用在飯菜、各種湯類和甜點中，如椰漿飯。用於拌麵，可以增加果香味，使味道更順口。調製咖哩拌麵醬汁時可以使用。

又稱辣椒麵，就是指乾燥過後的辣椒，經研磨成的碎片或粉末狀。在拌麵醬汁中，可以增加辣的風味。

辣椒粉

調味鹽裡的鈉是人體中所需的營養素之一。拌麵醬汁的鹹味來源，除了現成醬料、醬油，另外就是鹽。

又稱為砂糖，有甜味，是可溶於水的有機化合物，常用於烹調的調味品。拌麵裡的醬汁，加入一些糖，可中和醬汁的味道以免太死鹹，也會變得比較協調順口。

是胡椒成熟的果實，經曬乾後磨碎製成的，味道辛辣，有黑胡椒粉及白胡椒粉。在拌麵醬汁中可以增加辛辣的香氣。

是一種中式料理中常用的香料。名為十三香，顧名思義是由十三種香料組合：丁香、砂仁、乾薑、花椒、八角、高良薑、白芷、肉荳蔻、草果、三奈、小茴香、木香及肉桂。在拌麵醬汁中，可以增加豐富的香氣與味道。

一種用花椒製成的香料。花椒粉味道麻且辣，炒過後，香味更能釋放出來。在拌麵醬汁中，可以增加麻和辣的風味。

配料類

最常使用的就是爆香的蒜頭，能讓料理味道多了蒜香。最後擺盤點綴也不能少了青蔥和香菜，可以增加拌麵的新鮮感和香氣度。至於料理中添加的堅果或花生，能讓料理更有口感。

青蔥

蔥是一種很普遍的香料配料，在東方烹調中佔有非常重要的角色。能讓簡單的拌麵添加蔥的香味，也可將蔥切成蔥花，撒在拌麵上，既有點綴作用，又能拌入麵中增加新鮮的蔥香氣。

蒜頭的營養價值很高，可作調味料，亦可入藥，是人體中必須的營養元素，蒜也為五辛之一。能增加拌麵的蒜香味，具有獨特的辛香氣。通常用在爆香的拌麵醬汁裡。

蒜頭

韭菜

韭菜自古歸類為葷食，為五辛之一。可增加拌麵的韭菜香氣，能使味道提升。經過汆燙後與拌麵一起食用，能增脆的口感。

香菜能提高視力，又能去腥增味，促進代謝，且香菜的維生素比普通蔬菜還要高。調製拌麵醬汁時，香菜梗可浸泡在醬汁中，讓醬汁多一點香菜味。而香菜葉做為最後的裝飾，拌入麵中，可以讓麵體提出香氣。

香菜

九層塔

九層塔有丁香氣味，能幫助消化、消水氣、調節月經及抗氧化。可以切碎拌入麵中，讓麵體提出九層塔的香氣，或將九層塔打成泥做成醬汁並拌入麵中，讓拌麵的九層塔味道更濃郁。

是植物中的一種果類，果皮堅硬，富含維生素 E，能有效防治脂肪肝。若長期適量食用，對於預防心血管疾病很有成效。做涼拌麵時，可使用各種堅果，如花生、杏仁果、腰果、榛果、核桃和夏威夷果。

堅果

芝麻

別名胡麻，芝麻有分黑芝麻和白芝麻兩種，若食用，以白芝麻較好，若補益藥用，則選擇黑芝麻為佳。使用於拌麵醬汁中可以提香。粉狀可以增加香氣，顆粒狀能在咀嚼中產生口感及香味。

第三章

先準備

現成的麵條

碗乾拌麵裡，不是只有醬汁，麵條的選擇也很重要，麵體搭配適合的醬汁，才會讓醬汁依附在麵體上，融合出不一樣的味覺層次，讓一整碗麵吃得濃郁順口。市面上麵條有很多種類，當麵條透過 100% 自然日曬後，麵體吃起來會更加 Q 彈帶勁。麵條也分三種類別，冷凍熟麵、包裝麵及現做麵，且保存方式也都不同。

冷凍熟麵

蒸煮過程的產品，其水分含量也高，因此也得冷藏保存，且在常溫下，不建議超過 3 小時。包括：細麵、寬麵、黃麵、油麵、家常刀切麵、陽春麵、雞蛋麵。

現做麵

在製作過後，麵體都得保存在攝氏 7℃以下，不管是運送或販賣上都要冷藏存放，若放置在常溫下，時間不能超過 3 小時，未使用完畢，也要放進冰箱冷藏，保持麵的新鮮度。包括：細麵、寬麵、黃麵、油麵、家常刀切麵、陽春麵、雞蛋麵。

包裝麵

因製作過程中，有乾燥的程序，把麵條含水量降低到15%以下，以提高保存性。且為了強化筋性，會添加少量的鹽，加上密封包裝，這些都有助於防止麵條腐敗及延長保存期限。包括：白麵、蕎麥麵、泡麵、麵線、陽春麵、雞蛋麵、蔬菜麵、拉麵、家常麵。

第四章

自己做

基礎油脂、醬汁

與增香配料

在現代生活中，三餐都想吃得健康。外食的有些料理不是太重鹹就是太油，很難找到符合自己的口味，因此很多人選擇自己下廚，用身邊的食材簡單輕鬆的做出料理，可依自己喜好做出基礎醬汁，以醬汁直接拌麵、拌飯或涼拌菜色，更方便快速。

　　基礎醬汁的定義是什麼？就是以隨手可得的食材簡單做出醬汁，像是把蔥、薑或蒜加以改變，也能成為自己的獨門醬汁。例如在傳統市場購買生雞油、生豬油、生鴨油、生牛油，就可以在家炸油，再添加蔥、薑、蒜一起炒香，就是具有獨特香味的拌麵油脂了。另外，在醬汁調味上，主要是追求吃得順口且味道濃郁，可依自己喜好做調整。喜歡蒜香味可加點蒜頭，喜歡辛辣味可加點辣椒或花椒，方便快速的做出基礎拌麵醬汁，也能衍生做出多變的醬汁。

自己做基礎油脂

豬油

豬油中的不飽和脂肪是飽和脂肪的 1.2 倍，烹調時其味道獨特讓許多人愛不釋手。豬油耐高溫且發煙點在 182 ～ 190 ℃ 之間。當溫度在 20℃左右時，會呈現固體狀，保存時間長。可以讓拌麵增加豬油脂的香氣，而且滑順好入口。

▍做法

1. 將豬油 200 公克切丁。

2. 鍋中加入 1 碗油加熱，將切好的豬油丁炸至金黃色即可撈起。

牛油

從牛的脂肪組織裡提取出來的油脂，可以讓拌麵增加牛油脂的香氣，而且滑順好入口。

▍做法

1. 將牛油 200 公克切丁。

2. 鍋中加入 1 碗油加熱，將切好的牛油丁炸至金黃色即可撈起。

雞油含有營養的蛋白質和脂肪，也因為脂肪產生的脂肪酸，有潤滑腸道的功能及護膚美顏的效果。可以讓拌麵增加雞油脂的香氣，而且滑順好入口。

▌做法

1. 將雞油 200 公克切丁。

2. 鍋中加入 1 碗油加熟，將切好的雞油丁炸至金黃色即可撈起。

平日廚房常見的紅蔥頭，也可以成為拌麵的最佳調味料。將紅蔥頭切碎，油炸成金黃色的油蔥酥，再拌入麵中，可增添口感和香氣。而紅蔥油更是拌麵的最佳油脂，充滿濃郁的蔥香，而且讓拌麵滑順好入口。

▌做法

1. 將紅蒜頭 200 公克切碎。

2. 鍋中加入 3 碗油加熟，將切好的紅蔥頭炸至金黃色即可撈起。

青蔥是做菜時最佳的爆香料之一，前置處理須清洗、切末或切花都需要時間。將切成段的青蔥炸成青蔥油，是拌麵的極佳油脂，有濃郁的青蔥香氣，還有鮮甜味，滑順好入口。

做法

1. 將青蔥 200 公克切段。

2. 鍋中加入 3 碗油加熱，將切好的青蔥段炸至金黃色即可撈起。

材料

紅椒粉 200 克、粗辣椒粉 200 克、洋蔥半個、青蔥 3 支、紅蔥頭 5 個、紫草 20 克

調味料

沙拉油 400 克

做法

1. 先將紅椒粉、粗辣椒粉一起放入碗中備用，洋蔥切粗條，青蔥切 10 公分段，紅蔥頭切片，備用。

2. 沙拉油倒入鍋中加熱，放入洋蔥條、紅蔥頭片、青蔥段炸出香味後，加入紫草。快速撈出食材，將油倒入做法 1 的碗中拌均勻，泡至 12 小時即可。

將蒜頭原粒切碎，經過油炸爆炒所產生的蒜油，可保留香蒜本身的甘甜與濃郁香氣。拌入麵中可增加蒜香氣。

蒜油

▌做法

1. 將蒜頭 200 公克切末。

2. 鍋中加入 1 碗油加熱，將切好的蒜末炸至金黃色即可撈起。

自己做基礎醬汁

材料

薑 3 片、青蔥 3 支、八角 3 個、陳皮 1 片。

調味料

醬油 200 克、水 400 克、白細砂糖 200 克。

做法

1. 先用刀子將薑拍碎，放入鍋中後，加入醬油、水、白細砂糖、青蔥、八角及陳皮一起煮開。

2. 再用慢火煮至上醬色，收汁至 400 克的醬汁，即成萬用甜醬油。

甜醬油醬

椒汁醬

材料

青辣椒 10 支、蒜頭 10 個、豆豉 15 克、橄欖油 50 克。

調味料

醬油 1 大匙、醬油膏 1 大匙、米酒 2 大匙、白細砂糖 1 大匙。

做法

1. 先將小青辣椒乾焗炒香後，切末。蒜頭、豆豉切末備用。

2. 將鍋中放入 50 克的橄欖油加熱，放入蒜頭末炒香後，加入豆豉末、青椒末炒熟。

3. 再加入醬油、醬油膏、米酒和白細砂糖炒入味即可。

蛋酥

紅蔥酥

蒜酥

自己做增香配料

材料

蛋 2 顆、油 3 大匙

做法

1. 將蛋打入碗中，並加入 1 大匙冷水打散攪拌均勻。

2. 鍋中倒入油加熱，再倒入蛋汁且快速攪拌炒成蛋酥即可。

小叮嚀　注意加熱時火不能太大，不能過焦，將蛋酥炒成金黃色即可。

材料

紅蔥頭 200 克、豬油 600 克

做法

1. 將紅蔥頭切片。

2. 鍋中加入豬油加熱，將切好的紅蔥頭片炸至金黃色撈出即可。

小叮嚀　油溫不能太高，溫度約在 80℃，全程使用小火炸至酥脆的金黃色。

材料

蒜頭 200 克、豬油 600 克

做法

1. 將蒜頭切末。

2. 鍋中加入豬油加熱，將切好的蒜末炸至金黃色撈出即可。

小叮嚀　油溫不能太高，溫度約在 80℃，全程使用小火炸至酥脆的金黃色。

第五章

快拌麵的

烹煮原則

做出好吃的拌麵，最重要的關鍵就是麵體及醬汁，將兩者融合出協調的口感。拌麵的味覺層次分為七種，利用這七種層次去調配出拌麵醬，才能使口感更加豐富。調配醬汁時必須注意幾點：

1. 成分一定要有醬、油及水，三者比例為 1：1：2，才能做出潤口滑順的醬汁，麵的口感層次才會提升。

2. 麵體分類有十幾種，每種麵的口感及做法也會產生些微的差異，但都一定有相同的原則：第一、煮麵的鍋子要寬且水一定要多，水必須比麵多出 3 倍，讓麵條在水裡有翻轉的空間。第二、水一定要滾開，才能丟入麵條烹煮，若水未滾開就丟入麵條，會降低水溫，等到水煮開了，時間已太長，麵條就會變得太軟爛。依照以上這些小撇步操作，就能做出好吃的拌麵。如果沒時間做拌醬，可以去超商或賣場買現成的罐裝醬料，經過調味烹煮後就是美味的醬汁了。這本書有非常簡單的食譜，教你怎麼利用拌醬做出拌麵，快速又容易完成，而且能夠立即飽腹。

醬汁的調配比例原則

　　醬好不好吃，決定一碗麵的成敗，味道如何呈現也是一種學問。若要幫助新手更快上手，可以善用身邊的食材，簡單來說就是選擇在賣場可買到的現成罐裝醬料做調配，省下自己做醬的時間和工序，只需再做調味即可。如何將罐裝醬料加入簡單的調味料做成醬汁，讓整碗拌麵的味道更有協調感？舉大眾熟知的沙茶醬為例，喜歡重口味的朋友可以直接添加，但因沙茶醬本身就有鹹味，其實不用再過度調味，但怎麼做可以讓味道更香更濃郁？就是將沙茶醬放入鍋中爆炒。又因醬本身容易炒焦，必須要注意火的大小。如果怕太死鹹，也可加點糖中和味道，整體醬汁的協調性就會變得更好。

◗ 醬汁的調味有七種風味層次

（鹹）　醬汁中加入醬油和醬油膏，能提出鹹的味道，能讓麵條產生香味和鹹味，吃起來更入味好吃。鹹味來源有醬油、醬油膏、豆瓣醬、甜麵醬、味噌、鹽。

（鮮）以昆布、海鮮等食材燉煮而成的高湯，其中的麩胺酸就是鮮味的來源。高湯再加上醬油一起拌入麵條，會更加順口好吃。當拌麵的味道比較淡時，加入鮮味，吃起來更有味道更有協調感。鮮味來源有蠔油、番茄醬。

（酸）加糖和鹽並經長時間醃製發酵食材後，能產生烏醋、果醋、五印醋等醋製品，讓本來沒味道的拌麵增加了酸味層次。當拌麵呈單一味道時，為了凸顯獨特風味，也可從酸味開始，讓麵條產生獨特的酸味。酸味來源有工研醋、蘋果醋、純釀米醋、桔醬。

（甜）甜味的添加能使整碗拌麵的味覺層次更上一層，不會因鹽而變得死鹹。 甜味是很容易入味的一種調味，當拌麵完全無味時，加入糖可讓整碗麵的協調感更好。甜味來源有泰式甜辣醬、米酒、花生醬、糖。

（辣）加上辣椒粉、胡椒粉或辣油等的辣製品，能讓料理瞬間變成一種極端刺激的享受。當拌麵是清淡爽口的味道時，加入辣味，立刻增加食欲且更加順口。辣味來源有辣椒油、胡椒粉、辣椒粉。

（麻）將大紅袍、青花椒煉油熬煮後，出現的麻味是川菜的主要香味來源。用花椒油調出來的醬汁有獨特的麻香味。為了讓拌麵更美味可口，加入麻香，能產生新鮮的口感。麻味來源有花椒、青花椒。

香　有分三種。一、醬香：食材經過研磨、醃製及煉製等作法，並且在長時間作用下，會產出不一樣的醬香氣，比如肉醬、味噌及花生醬。二、油香：經食材提煉的油香調味料，像蔥油、花椒油、蒜油，其產生的氣味很足，能添加拌麵的香氣。三、粉香：新鮮食材經過乾燥後，加熱油泡製而產生濃厚香氣，像是花椒粉、胡椒粉、十三香粉。另外，簡單的拌麵因直接加入各種香料調拌，更容易入口，而且吃起來更香醇濃郁，味道更協調。香味來源有黑胡椒、咖哩粉、胡椒粉、芝麻醬、沙茶醬。

煮麵的訣竅

● 煮熟麵條的基本原則

　　拌麵好不好吃在於選對麵體並搭配適合的醬汁，才能讓整碗麵的口感層次更上一層。但是煮麵的熟度也關係著拌麵好吃與否的關鍵。煮麵時，須注意水的溫度必須保持最高沸騰狀態，煮出來的麵才會Q彈順口好吃。麵體本身有分現做麵、包裝麵及冷凍熟麵，三種麵條的烹煮方式都有些不同，以下說明煮熟麵條的方法和時間。

1. **水量多、鍋子寬**：煮麵的水，要比麵多出3倍，能讓麵在水裡有翻轉的空間。煮的過程中，使表面的麵粉脫落，就不容易因沾黏一起而煮不開。一旦發現煮麵的水，呈現混濁的麵糊水，就得馬上換水。

2. **煮麵的水一定要開**：假如水未燒開，就放入麵條，會降低水的溫度。等到水煮開後，時間拖太長，麵條就會變得很軟爛，口感就會不好，所以一定要等水滾開了，才能放入麵條。

3. **適量的點水**：有些麵條比較寬，又粗又厚，煮的時間不能和一般細麵條一樣，如果一直煮，而未經過點水，麵條口感會缺乏彈性。什麼是點水，就是在煮的過程中倒入冷水，能使麵條煮滾浮起。點水

次數需要幾次是依麵條的寬度來決定。寬麵條點水 3 次，細麵條點水 2 次，厚麵條點水 3 次，波浪麵點水 3 次。

4. **過水**：有些麵條為了達到涼拌的效果，最快速的方式就是過冷水，也就是煮熟的麵條放入冷水中冰鎮。切記一定要用冷開水，若利用生水，容易滋生細菌，為了保護身體健康和減少腸病毒，使用冷開水才是正確的選擇。

5. **拌油**：煮好的麵條，如果不馬上加入高湯或進行二次烹煮的手續時，為了防止麵條結塊，撈出時要馬上拌入少許沙拉油或麻油，才不會使麵條因變涼而黏在一起。

● 各種麵條的煮熟時間

基本原則是，麵條和水比例為 1：6。水煮至沸騰，再放入麵條。當麵體浮上鍋面時，即可撈起。即麵條的熟度是八分熟。

1. **波浪麵**：鍋中先加入 1500cc 的水煮滾，加入波浪麵煮至 3 分鐘後，再加入 100cc 的水，點水 3 次，煮 2 分鐘至沸騰，當麵體煮透後浮上水面即可。

2. **細麵**：鍋中先加入 1500cc 的水煮滾，加入細麵煮至 2 分鐘後，再加入 100cc 的水，點水 2 次，煮 1 分鐘至沸騰，當麵體煮透後浮上水面即可。

3. **寬麵**：鍋中先加入 1500cc 的水煮滾，加入寬麵煮至 4 分鐘後，再加入 100cc 的水，點水 3 次，煮 2 分鐘至沸騰，當麵體煮透後浮上水面即可。

整體風味的調配比例

醬是麵的靈魂，醬汁的獨特性是來自於自己的口味喜好去變化，像是利用辣、鹹、香、淡等味道去做改變。整體風味的調配原則，包括波浪麵、細麵、寬麵煮的時間不同。

粗麵煮得慢，反之細麵就快。再者要切記麵條有適合的搭配醬汁，以及麵、醬、麵水及油的比例，煮出來的拌麵才會順口好吃。

●○ 麵條與適合的醬汁

1. **波浪麵**：適合搭配濃醬，因波浪型的麵體，吸附醬汁快速而且容易入味，醬料比例需要濃而稠。

2. **細麵**：適合搭配清爽的醬，才會有爽口的風味，所以醬料的比例需淡而稀。

3. **寬麵**：適合搭配濃醬，醬料的香氣會殘留更久，所以醬料的比例需濃而稠。

●○ 水分、高湯、醬料、麵體的最佳比例

調製乾拌麵時，除了麵體的熟度和醬汁的比例要講究，添加高湯與麵水的比例也很重要，最適當的水分和高湯比例為 3：1。假如想讓味道更濃厚，水分和高湯比例為 3：2。

另外，濕度要剛剛好，才不會因為撈起的熟麵吸收醬汁後，顯得太乾或太濕而影響口感。所以麵體、醬汁、高湯和麵水、油的比例是：10：3：2：1。

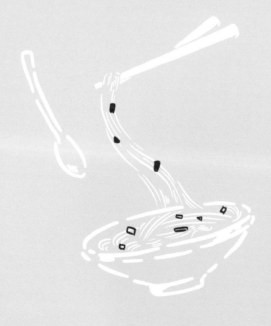

第六章

快拌麵
食譜

現代人對吃非常講究，要吃得好也要吃得健康，也因為現今交通便利，在網路平台、超級市場或是傳統市場都可買到簡單且好吃的方便醬，就像我們平常吃火鍋時，會沾的沙茶醬或胡麻醬，或是在小吃店桌上擺放的蔥醬或辣油，都是在各大通路可以買到的調味醬。

這本快拌麵食譜中，有很多是隨手可得且健康的食材，做法簡單也容易保存，像是豆瓣醬搭配細麵、XO 醬搭配意麵等。這四十八道食譜，做法簡單，調味也不複雜，對新手來說非常好入手，在深夜或是下班時，簡單煮個麵，拌一拌醬汁，馬上拌馬上吃，既方便又快速，一碗美味可口的麵就出爐了，重點是也吃得健康。

貢丸蔥酥醬拌麵

主要醬料

紅蔥醬

+

意麵

適合麵體

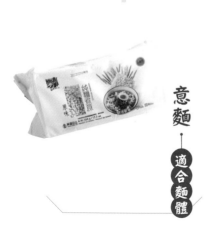

▌材料

貢丸 3 個、小白菜 50 克、香菇 1 朵、蔥 2 支、麵條 1 人份（250 克）。

▌調味料

紅蔥醬 2 大匙、醬油 1 大匙、米酒 1 大匙、白胡椒粉適量、香油適量。

▌做法

1. 將貢丸切小丁；小白菜切段；蔥切花；香菇去頭切丁備用。

2. 鍋中加入少許油將貢丸丁炒香後，再加入紅蔥醬、醬油、米酒炒入味，灑上適量白胡椒粉。

3. 鍋中加入 4 碗水煮滾，將麵條放入煮熟後撈出，並放入碗中，淋上調好的醬汁。

4. 小白菜入鍋汆燙至熟及香菇丁入鍋炒香，放入麵中，最後灑上蔥花即可。

小叮嚀

- 貢丸有鮮甜味，需炒至兩面金黃色，再加入紅蔥醬，可增加醬油的鮮甜味。
- 加入紅蔥醬時，一定要炒香至熟成。

豆瓣醬肉拌麵

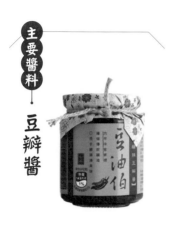

主要醬料

豆瓣醬

＋

寬白麵

適合麵體

▌ 材料

絞肉 150 克、蒜泥 15 克、蔥 2 支、小黃瓜半條、麵條 1 人份（250 克）。

▌ 調味料

豆瓣醬 2 大匙、糖 1 大匙、醬油 1 大匙、白醋 1 大匙。

▌ 做法

1. 將小黃瓜半條切絲；蔥切花備用。

2. 將豆瓣醬及蒜泥炒香後，加入絞肉，當香味炒出來後，再加入剩餘的調味料調成醬汁。

3. 鍋中加入 4 碗水煮滾，將麵條丟入煮熟後撈出，放入碗中後，將炒好的醬料淋在麵條上，擺上小黃瓜絲及蔥花即可。

小叮嚀

• 豆瓣醬基本上都會有罐頭的醃漬味，所以必須炒出油亮色，味道才會香。

• 炒絞肉時加入少許的油或水，才能使拌炒的絞肉變鬆，味道才會香又好吃。

沙茶醬拌麵

主要醬料

沙茶醬

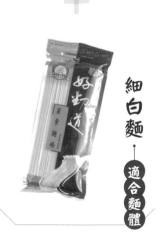

細白麵

適合麵體

▎材料

五花火鍋肉片 50 克、空心菜 100 克、蒜泥 15 克、蔥 2 支、麵條 1 人份（250 克）。

▎調味料

沙茶醬 2 大匙、糖 1 大匙、醬油 1 大匙、香油少許。

▎做法

1. 將空心菜汆燙熟；蔥切花備用。

2. 鍋中加入 4 碗水煮滾，將麵條放入煮熟後撈出，並放入碗中備用。

3. 將全部調味料放入碗中攪拌均勻調成醬汁。

4. 熱鍋倒入少許油，將蒜泥、五花火鍋肉片及一半切好的蔥花炒香，再加入空心菜和醬汁拌炒均勻後，淋在麵體上，最後灑上剩餘的蔥花即可。

小叮嚀

- 沙茶醬必須在鍋中爆炒，味道才會香且濃郁。注意沙茶醬比較容易炒焦，炒至出現油香即可。

- 五花火鍋肉片可換成牛、羊肉片做變化。

胡麻醬拌麵

主要醬料

胡麻醬

＋

細白麵（或蔬菜麵、蕎麥麵）

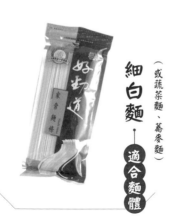

適合麵體

▌材料

小黃瓜 1/4 條、紅蘿蔔 30 克、蛋 1 顆、海苔 1 片、麵條 1 人份（250 克）。

▌調味料

胡麻醬 2 匙、糖 1 茶匙、醬油 1 茶匙、香油 1 大匙、白醋 1 茶匙。

▌做法

1. 將小黃瓜、紅蘿蔔切絲，放入水中泡脆；青江菜用熱水汆燙熟；蛋煎成蛋包；調味料放入碗中攪拌均勻；海苔切絲備用。

2. 鍋中加入 4 碗水煮滾，將麵條放入煮熟後撈出，並放入碗中備用。

3. 將醬汁淋在麵體上，擺上小黃瓜絲、紅蘿蔔絲、白芝麻、海苔絲及蛋包即可。

小叮嚀

- 若胡麻醬太濃稠，可加少許礦泉水調勻，讓口感更順口。
- 糖一定要用細糖才比較容易攪拌。
- 最後可以加入少許熟白芝麻，會使整碗麵的香氣更加提升。

XO醬拌麵

主要醬料 · XO醬

寬白麵 · 適合麵體

▌材料

蔥 2 支、小白菜 50 克、麵條 1 人份（250 克）。

▌調味料

醬油膏 1 大匙、烏醋 1 茶匙、糖 1 茶匙、香油 1 大匙、XO 醬 2 大匙。

▌做法

1. 將蔥切花；小白菜切段，用熱水汆燙後備用。

2. 調味料放入碗中攪拌均勻備用。

3. 鍋中加入 4 碗水煮滾，將麵條放入煮熟後撈出，並放入碗中，再淋上調好的醬汁，擺盤小白菜及蔥花即可。

小叮嚀　有些 XO 醬本身就有鹹度，所以不用過度調味，不然會太鹹。可用淡色醬油、糖、水三種調味料去調味，讓口感更好且容易拌入麵中。

海山醬拌麵

主要醬料

海山醬

＋

寬白麵

適合麵體

▌材料

韭菜 50 克、豆芽 50 克、蒜頭 2 個、麵條 1 人份（250 克）。

▌調味料

海山醬 2 大匙、麻油 1 大匙、香油 1 大匙、醬油 1 茶匙。

▌做法

1. 將韭菜切段，和豆芽一起入鍋汆燙熟備用。蒜頭切末，炸成金黃色備用。

2. 調味料放入碗中攪拌均勻備用。

3. 鍋中加入 4 碗水煮滾，將麵條放入煮熟後撈出，並放入碗中，再淋上調好的醬汁，擺上韭菜、豆芽及蒜酥即可。

 小叮嚀

海山醬本身就有甜度，不用過度加糖。在調味時，可加入一些醬油，注意不能加太多，調出自己喜歡的鹹度。

古早味肉醬拌麵

主要醬料

肉醬

+

細白麵

適合麵體

▌ 材料

洋蔥 50 克、冬菇 50 克、蒜苗 30 克、肉醬 1 罐、蕃茄 1 個、絞肉 50 克、蒜頭 3 個、麵條 1 人份（250 克）。

▌ 調味料

醬油 1 大匙、糖 1 茶匙、香油 1 大匙、白胡椒粉少許。

▌ 做法

1. 先將洋蔥、冬菇、蒜苗、蒜頭及番茄切末備用。

2. 熱鍋加入少許油，並放入洋蔥、冬菇、番茄、蒜頭、絞肉炒香後，再加入肉醬炒拌均勻，最後加入蒜苗末調成醬汁。

3. 鍋中加入 4 碗水煮滾，將麵條放入煮熟後撈出，並放入碗中，再淋上調好的醬汁即可。

小叮嚀

- 肉醬須加熱過，香味才會更加濃郁。
- 肉醬油質很香，注意在加熱中不能炒焦，水分要足夠。
- 將最後煮好的醬汁加入少許白胡椒粉，起鍋時味道會更好。

金沙醬拌麵

主要醬料

金沙醬

寬白麵

適合麵體

▌材料

毛豆 30 克、玉米 30 克、紅蘿蔔 30 克、蔥 1 支、香菇 30 克、蒜泥 15 克、麵條 1 人份（250 克）。

▌調味料

醬油 1 茶匙、糖 1 茶匙、米酒 1 大匙、金沙醬 4 大匙、白胡椒粉少許。

▌做法

1. 將紅蘿蔔及香菇切丁；蔥切花備用。

2. 熱鍋倒入少許油，並放入蒜泥炒香後，加入醬油、糖、米酒、金沙醬和白胡椒粉炒香融合，即可變成美味的金沙醬汁。

3. 鍋中加入 4 碗水煮滾，將麵條放入煮熟後撈出，並放入碗中備用。

4. 將毛豆、玉米、紅蘿蔔丁及香菇丁燙熟後，擺入麵體中，淋上調好的金沙醬汁，最後灑上蔥花即可。

小叮嚀

金沙醬本身就有鹹味，在調醬汁時，下手不能太重，可用米酒及糖去中和鹹度。且注意醬汁不能調得太濃稠，會比較不容易把麵條拌開，吃起來不順口。

辣椒醬拌麵

主要醬料

辣椒醬

+

寬白麵

適合麵體

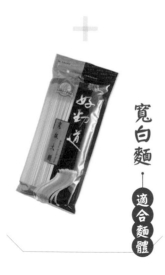

▍材料

絞肉 50 克、洋蔥 50 克、蒜頭 20 克、辣椒醬 20 克、起司末 20 克、麵條 1 人份（250 克）。

▍調味料

蕃茄醬 20 克、糖 1 大匙、醬油 1 茶匙、黑胡椒粉少許。

▍做法

1. 將洋蔥和蒜頭切末。熱鍋後加入 2 大匙油，炒香洋蔥及蒜頭，再加入絞肉炒熟後，加入醬油、糖、番茄醬、辣椒醬、黑胡椒粉炒成醬汁備用。

2. 鍋中加入 4 碗水煮滾，將麵條放入煮熟後撈出，放入碗中，再淋上調好的醬汁，並灑上起司末即可。

小叮嚀

- 辣椒醬汁加上絞肉和番茄醬，放入油鍋中炒香，再加入洋蔥、蒜頭一起炒至兩者都金黃色即可。
- 炒醬中有洋蔥香味，會使乾麵的味道更濃郁好吃。

烤肉醬拌麵

主要醬料

烤肉醬

+

細白麵

適合麵體

▌材料

五花肉片（火鍋肉片）50 克、洋蔥 50 克、高麗菜 50 克、紅蘿蔔 50 克、蒜頭 2 個、麵條 1 人份（250 克）。

▌調味料

烤肉醬 1 大匙、米酒 2 大匙、香油 1 大匙。

▌做法

1. 將洋蔥、高麗菜及紅蘿蔔切絲；蒜頭切末備用。

2. 熱鍋加入少許油，先將蒜末炒香後加入烤肉醬，香味炒出來後再加入米酒、水 4 湯匙及香油做成醬汁。

3. 鍋中加入 4 碗水煮滾，將麵條放入煮熟後撈出，並放入碗中，再淋上調好的醬汁。並將切好的洋蔥絲、五花肉片、高麗菜絲及紅蘿蔔絲炒熟，擺入其中即可完成。

小叮嚀

● 烤肉醬本身就有鹹度，若不想那麼死鹹，可加無調味的高湯或礦泉水及糖來淡化鹹度。

● 注意烤肉醬一定要入鍋炒過，味道才會香。

● 五花火鍋肉片可換成牛、羊肉片做變化。

黑胡椒醬拌麵

主要醬料

黑胡椒醬

＋

寬白麵

適合麵體

▌材料

洋蔥 50 克、蒜末 20 克、玉米粒 30 克、毛豆 30 克、麵條 1 人份（250 克）。

▌調味料

黑胡椒醬 2 大匙、米酒 2 大匙、香油 1 茶匙。

▌做法

1. 將洋蔥切丁；玉米粒及毛豆燙熟備用。

2. 熱鍋加入少許油，將蒜末炒香後，加入洋蔥、黑胡椒醬、米酒及水 4 湯匙炒入味，最後再加香油拌入醬汁中。

3. 鍋中加入 4 碗水煮滾，將麵條放入煮熟後撈出，並放入碗中，淋上調好的醬汁，並擺入玉米粒及毛豆即可。

小叮嚀

- 醬汁的黑胡椒有辣味，可依個人喜好做調配。為了能更快地將醬汁攪拌均勻，可加入少許礦泉水。
- 使用黑胡椒醬時，一定要先放入鍋中炒香，冷卻後再加入其他調味料拌勻，其味道會更好。

蘑菇醬拌麵

主要醬料 — 蘑菇醬

+

冷凍烏龍麵 — 適合麵體

▌材料

蘑菇 5 個、蒜頭 3 個、蔥 2 支、麵條 1
人份（250 克）。

▌調味料

蘑菇醬 3 大匙、米酒 2 大匙、香油 1 大
匙。

▌做法

1. 將蘑菇切片；蒜頭切末；蔥切花備用。

2. 熱鍋加入少許油後將蒜末炒香，再加
   入蘑菇醬、米酒、香油及水 4 湯匙，
   炒均勻後即可成蘑菇醬。

3. 鍋中加入 4 碗水煮滾，將麵條放入煮
   熟後撈出，並放入碗中備用。

4. 將蘑菇片放入鍋中乾炒，炒出香氣
   後放入麵中，並淋上調好的蘑菇醬，
   最後在灑上蔥花即可。

小叮嚀

- 新鮮蘑菇片不能水洗，用乾紙巾擦
  去髒污即可。

- 蘑菇片放入鍋中不能加油，必須用
  乾炒的方式拌炒，蘑菇的香氣才會
  香才會好吃。

炸醬拌麵

主要醬料 → 炸醬

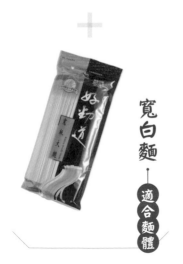

寬白麵 → 適合麵體

材料

小白菜 50 克、蔥 2 支、豆皮 50 克、毛豆 30 克、筍子 30 克、冬菇 30 克、紅蘿蔔 30 克、洋蔥 30 克、麵條 1 人份（250 克）。

調味料

炸醬 3 大匙、醬油 1 大匙、糖 1 茶匙、米酒 1 大匙、香油 1 茶匙。

做法

1. 小白菜切段汆燙熟；洋蔥、豆皮、筍子、冬菇及紅蘿蔔切丁；蔥切花備用。

2. 熱鍋加入少許油，將洋蔥炒香後加入豆乾丁、筍子丁、冬菇丁及紅蘿蔔丁一起炒熟。

3. 將炸醬、醬油及糖加入鍋中炒出油亮色後，再加入米酒及香油炒成醬汁。

4. 鍋中加入 4 碗水煮滾，將麵條放入煮熟後撈出，放入碗中，淋上調好的醬汁，擺上小白菜，灑上蔥花即可。

小叮嚀

- 添加的調味料味道不能太重，不然會搶走炸醬的味道。炸醬的味道很香，可用米酒去調味，才不會使味道有所改變。
- 在調醬時，加入洋蔥丁炒至金黃色，使得有洋蔥的焦香味，才能使醬汁的味道更濃郁。

花生沙茶醬拌麵

主要醬料

花生醬及沙茶醬

+

油麵

適合麵體

▌材料

花生醬 2 大匙、沙茶醬 2 大匙、洋蔥 50 克、蔥 2 支、蛋 1 個、蒜末 30 克、麵條 1 人份（250 克）。

▌調味料

醬油 1 大匙、糖 1 茶匙、香油 1 大匙、烏醋 1 茶匙、礦泉水或高湯 2 大匙。

▌做法

1. 將洋蔥切丁；蔥切花備用。

2. 碗中加入醬油、糖、香油、烏醋、花生醬、沙茶醬及蒜末攪拌均勻備用。

3. 鍋中加入 4 碗水煮滾，將麵條放入煮熟後撈出，並放入碗中，加入少許麵水或高湯一起攪拌。

4. 蛋打散，用熱油炒成蛋酥撈出。

5. 將洋蔥丁用油炒香後，加入蔥花一起拌炒。將麵條淋上調好的醬汁，擺上炒煮好的洋蔥丁、蛋酥及蔥花即可。

小叮嚀

- 洋蔥用油炒至兩面金黃，其甜度會跑出來，可讓拌麵鮮甜更好吃。
- 在調味時，花生醬的甜味和沙茶醬的鹹味，比例必須是 1：2，將兩者溶合成協調的醬汁，其味道才會好。

蔥油拌麵

主要醬料 → 蔥油及鮮味露

油麵 → 適合麵體

▌材料

紅蔥頭 200 克、蔥 1 支、沙拉油 150 克、
蛋 1 顆、麵條 1 人份（250 克）。

▌調味料

鮮味露 1 大匙、米酒 2 大匙、糖 1 茶匙、
白芝麻 1 茶匙、白胡椒粉適量。

▌做法

1. 將蔥切花；紅蔥頭切片；蛋煎成荷包
   蛋備用。

2. 鍋中加入沙拉油燒熱後，加入紅蔥頭
   片炸至金黃色後撈出備用。

3. 鍋中剩餘的蔥油加入美極鮮味露、米
   酒、糖、水 3 大匙和白胡椒粉拌煮
   成醬汁。

4. 鍋中加入 4 碗水煮滾，將麵條放入
   煮熟後撈出，並放入碗中，擺入炸好
   的紅蔥酥和荷包蛋，淋上蔥油醬汁，
   最後灑上蔥花及白芝麻即可。

小叮嚀

- 鍋中的油熱度要到 90℃，在放入紅蔥片時才不會炸焦。炸至金黃色時就要快速撈起
  冷卻，否則會變得太焦太黑。
- 可以直接使用市售的現成蔥油。

麻油薑絲拌麵

主要醬料 —— 麻油

＋

細白麵 —— 適合麵體

▌材料

老薑 50 克、高麗菜 50 克、杏鮑菇 1 支、蔥 2 支、麻油 100 克、麵條 1 人份（250 克）。

▌調味料

醬油 2 大匙、米酒 3 大匙。

▌做法

1. 將老薑、高麗菜、杏鮑菇、蔥切絲備用。

2. 鍋中加入 4 碗水煮滾，將麵條及高麗菜絲放入煮熟後撈出，並放入碗中備用。

3. 鍋中放入麻油、老薑絲、杏鮑菇絲炒至香酥後，加入醬油、米酒煮成醬汁，再淋在麵體上，最後放上蔥絲即可。

小叮嚀

- 注意麻油醬不能放鹽，使用醬油調味即可，但一定要用釀製的醬油，味道才會甘甜濃郁。
- 爆老薑時，使用冷麻油入鍋慢慢加熱，將老薑拌炒成金黃香脆。注意不能用大火加熱，麻油會炒焦，味道會變苦。

雞油雞絲拌麵

主要醬料

鮮味露、雞油

＋

細白麵

適合麵體

材料

雞胸半個、生雞油 100 克、蔥 2 支、洋蔥 50 克、麵條 1 人份（250 克）。

調味料

鮮味露 2 大匙、糖 1 茶匙、米酒 1 大匙、白胡椒粉少許。

做法

1. 將蔥及洋蔥切絲；雞胸肉煮熟後切絲備用。

2. 將生雞油用鍋子炸成雞香油後，放入洋蔥絲炸香撈出，剩餘的雞油渣切末備用。

3. 鍋中剩餘的雞香油，加入鮮味露、糖、米酒、白胡椒粉和雞油渣調成醬汁。

4. 鍋中加入 4 碗水煮滾，將麵條放入煮熟後撈出，並放入碗中，淋上調好的醬汁，擺上雞胸肉絲、洋蔥絲及蔥絲即可。

小叮嚀

- 在炸生雞油時，會產生雞腥味，所以放入洋蔥或青蔥可去腥且可增加香氣。
- 注意生雞油切的大小要相同，炸出的油才香才好吃。
- 如果不想自己炸雞油，可以購買現成的罐裝雞油。

鴨油蔥酥拌麵

主要醬料 → 鴨油

細白麵 · 適合麵體

▌材料

帶皮鴨肉 150 克、沙拉油 100 克、蔥 2 支、韭菜 2 根、紅蔥頭 50 克、麵條 1 人份（250 克）。

▌調味料

醬油 2 大匙、米酒 4 大匙、香油 4 大匙。

▌做法

1. 韭菜切段氽燙熟，蔥切花；紅蔥頭切片；鴨肉切丁備用。

2. 熱鍋加入沙拉油，放入鴨肉丁慢慢炸酥撈出。鍋中留著鴨油 30 克，再加入紅蔥頭片炸酥撈出，剩餘的鴨油也留下備用。

3. 將炸酥的鴨肉丁放入鍋中炒香後，加入醬油、米酒、香油炒香，再放入之前留下的鴨油、紅蔥酥頭炒成鴨油蔥酥醬備用。

4. 鍋中加入 4 碗水煮滾，將麵條放入煮熟後撈出放碗中，淋上調好的醬汁，最後灑上蔥花及燙熟的韭菜段即可。

小叮嚀

● 在炸鴨肉丁時要注意肉的熟度，不能太過熟成。酥度剛好，味道才會香，而且口感軟嫩好吃。

● 如果不想自己炸鴨油，可以購買現成的罐裝鴨油。

鵝油鵝肉片拌麵

主要醬料

鵝油

寬白麵

適合麵體

▌材料

帶皮鴨肉 150 克、韭菜 50 克、豆芽 50 克、蔥 2 支、麵條 1 人份（250 克）。

▌調味料

鵝油 3 大匙、醬油 1 大匙、米酒 2 大匙、白胡椒粉適量。

▌做法

1. 將鵝肉切丁；韭菜切段；蔥切花備用。

2. 鍋中放入帶皮鵝肉炸油，將鵝肉丁煎香後，留下鵝油 30 克，加入醬油、米酒及適量的白胡椒粉做成醬汁。

3. 鍋中加入 4 碗水煮滾，將麵條放入煮熟後撈出，並放入碗中。而剩下滾開的水順便一起燙熟韭菜段及豆芽，放在麵條上再淋上調好的醬汁，最後灑上蔥花即可。

小叮嚀

● 煎鵝肉丁時，先煎到半熟，等到炒醬汁時再放入鵝肉丁，肉質才不會變老變差。

● 如果不想自己炸鵝油，可以購買現成的罐裝鵝油。

豬油酥韭菜拌麵

主要醬料

豬油

+

細白麵

關廟麵

適合麵體

▌材料

豬油 300 克、韭菜 50 克、鮮香菇 50 克、麵條 1 人份（250 克）。

▌調味料

醬油 3 大匙、醬油膏 1 大匙、白胡椒粉少許。

▌做法

1. 將豬油、韭菜及鮮香菇切丁。

2. 熱鍋後加入豬油丁炸出油，再將豬油酥撈出備用。

3. 鍋中剩下的豬油，將鮮香菇丁炒香後，加入醬油、醬油膏及白胡椒粉炒成醬汁。

4. 鍋中加入 4 碗水煮滾，將麵條放入煮熟後撈出，並將韭菜段汆燙至熟撈出，並放入碗中，淋上調好的醬汁，擺上豬油酥和韭菜即可。

小叮嚀

- 在炸豬油時，油渣要冷卻過後，再炸一次才會酥香。也不能炸過頭，不然會太硬。

- 如果不想自己炸豬油，可以購買現成的罐裝豬油。

牛油雜滷拌麵

主要醬料

牛油

+

寬白麵

適合麵體

▌材料

生牛油 200 克、青江菜 2 支、蔥 2 支、牛腱 3 片、巢肚 3 片、麵條 1 人份（250 克）。

▌調味料

醬油 3 大匙、糖 1 大匙、米酒 3 大匙、白胡椒粉適量。

▌做法

1. 將牛腱、巢肚切丁；蔥切花：青江菜切段汆燙熟後備用。

2. 生牛油放入鍋中炸成油，再撈出牛油渣切末，和牛腱丁、巢肚丁一起炒香，並加入醬油、糖、米酒及白胡椒粉調成醬汁。

3. 鍋中加入 4 碗水煮滾，將麵條放入煮熟後撈出，並放入碗中，淋上調好的醬汁，擺上青江菜及蔥花即可。

 小叮嚀

● 可以買滷好的牛腱、巢肚，而且可加入牛絞肉炒香煮成醬汁，味道會更加濃郁好吃。

● 注意牛絞肉一定要用熱鍋炒至鬆軟，再放入調醬，才會容易好入味。

● 如果不想自己炸牛油，可以購買現成的罐裝牛油。

紅蔥酥醬油拌麵

主要醬料

紅蔥醬

+

油麵

適合麵體

▌材料

紅蔥頭 150 克、沙拉油 100 克、蔥 2 支、麵條 1 人份（250 克）。

▌調味料

醬油 3 大匙、米酒 3 大匙、糖 1 大匙。

▌做法

1. 將紅蔥頭切末；蔥切成花備用。

2. 熱鍋放入沙拉油，加入紅蔥頭末炒香後，將醬油、糖和米酒加入攪拌，做成紅蔥油醬即可。

3. 鍋中加入 4 碗水煮滾，將麵條放入煮熟後撈出，並放入碗中，淋上醬汁，最後灑上蔥花即可。

小叮嚀

- 紅蔥頭切成末，炒醬時味道會更香。
- 鍋中的油熱時，加入醬油，會產生醬油的鍋氣，醬汁的味道會更香。
- 可以直接使用市售的現成紅蔥醬。

苦茶油醬拌麵

主要醬料
苦茶油

+

細白麵

適合麵體

▌材料

香菇 3 朵、小白菜 50 克、芹菜 1 根、
麵條 1 人份（250 克）。

▌調味料

苦茶油 2 大匙、醬油 1 大匙、白胡椒粉
適量。

▌做法

1. 將香菇切絲；小白菜切段；芹菜切末
   備用。

2. 鍋中放入香菇絲炒香後，加入苦茶
   油、醬油、白胡椒粉炒成醬汁備用。

3. 鍋中加入 4 碗水煮滾，將麵條放入
   煮熟後撈出，並放入碗中，擺上汆燙
   過後的小白菜，再淋上調好的醬汁，
   最後灑上芹菜末即可。

小叮嚀

- 苦茶油的香味很濃，不要過度加熱，
  才能保持苦茶油的原始香味。

- 注意炒香菇放入苦茶油之前，可將
  新鮮香菇用平底鍋炒出多醣體而產
  生香氣，才不會使苦茶油味道變
  苦。

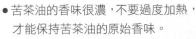

青蔥油醬油拌麵

主要醬料

青蔥油

＋

細白麵

適合麵體

材料

蔥 10 支、薑 25 克、蒜頭 25 克、秋葵 3 支、麵條 1 人份（250 克）。

調味料

鹽 1 茶匙、糖 1 茶匙、米酒 1 大匙、香油 3 大匙、白胡椒粉適量。

做法

1. 將蔥 8 支切成段，炸成香蔥油，再將蔥段撈出備用。剩下的香蔥油，與薑和蒜頭用調理機打成泥後，加入鹽、糖、米酒、香油和白胡椒粉調成醬汁。剩下 2 支蔥切成蔥花備用。

2. 鍋中加入 4 碗水煮滾，將秋葵放入氽燙熟後撈出，再放入冷水中，讓秋葵冷卻後切花備用。

3. 鍋中氽燙過秋葵的水，放入麵條煮熟，撈起放入碗中，淋上醬汁，擺上秋葵及蔥花即可。

小叮嚀

- 蔥也可切成末，炸成香蔥油，味道更濃郁。薑及蒜頭用磨泥板磨成泥味道更好。
- 調煮醬汁時，利用香油熱沖蔥末、薑末及蒜泥，更容易入味，而且味道很濃郁。

椒汁白肉拌麵

主要醬料

椒汁醬（做法見 P47）

＋

細白麵

適合麵體

▎材料

豆芽菜 50 克、小白菜 50 克、豆皮 1 片、黑木耳 30 克、蒜末 20 克、蔥 1 支、蒜苗 1 支、白肉 3 片、麵條 1 人份（250 克）。

▎調味料

椒汁醬 1 大匙、醬油 1 大匙、糖 1 茶匙、香油 1 大匙、白醋 1 茶匙、花椒粉 1 小匙。

▎做法

1. 將小白菜切段；黑木耳和豆皮切絲；蔥和蒜苗切末備用。

2. 碗中加入椒汁醬、醬油、糖、香油、白醋、花椒粉一起攪拌均勻備用。

3. 將細白麵汆燙熟後，放入醬汁中攪拌，再將豆芽菜、豆皮絲、黑木耳絲、小白菜段和白肉片汆燙熟後排入碗中，撒上蒜末、蔥花及蒜苗末即可。

小叮嚀

● 椒汁醬有很濃的椒香味，與其他調味料混合時需適量。
● 製作椒汁醬的原料比例為青椒 3：豆豉 1：蒜頭 1。注意青椒先用鍋子乾煸炒出焦香味，才是椒汁醬的香氣來源。

蒜油蛤蠣拌麵

主要醬料

蒜油

細白麵

適合麵體

材料

蒜頭 100 克、沙拉油 150 克、蛤蠣 100 克、蔥 2 支、麵條 1 人份（250 克）。

調味料

米酒 3 大匙、醬油 1 大匙、黑胡椒粉適量、鹽適量。

做法

1. 將蒜頭切末；蔥切花備用。

2. 將沙拉油倒入鍋中加熱，放入蒜末炸至金黃色撈出，放置容器中冷卻。而鍋中剩餘的蒜油再加入米酒、醬油、黑胡椒粉及鹽調成醬汁備用。

3. 鍋中加入 4 碗水煮滾，將麵條放入煮熟後撈出，並放入碗中備用。

4. 鍋中放入蛤蠣、蒜酥及蒜油醬汁一起煮，等到蛤蠣打開時即可起鍋，再倒入麵條中，最後灑上蔥花即可。

小叮嚀

● 煮蛤蠣時，可蓋上鍋蓋悶煮，蛤蠣煮開時間會比較快，也因加熱過程快速，蛤蠣肉會吸滿水分而更加飽滿。

● 米酒和醬油必須要和蒜油煮過，充分溶合在一起的味道才會香。

素三鮮拌麵

主要醬料 → 醬油及醬油膏

＋

細白麵 → 適合麵體

材料

黑豆干1塊、香菇50克、紅蘿蔔50克、金針菇20克、香菜10克、薑10克、麵條1人份（250克）。

調味料

醬油1大匙、醬油膏1大匙、糖1茶匙、香油1大匙。

做法

1. 將黑豆干、香菇、紅蘿蔔、薑切絲，與金針菇用熱水汆燙撈出備用。

2. 香菜切末，與醬油、醬油膏、糖和香油放入鍋中煮成醬汁。

3. 鍋中加入4碗水煮滾，將麵條放入煮熟後撈出，並放入碗中，將金針菇、香菇絲、黑豆干絲、紅蘿蔔絲、薑絲擺在麵上，最後淋上調好的醬汁即可。

 小叮嚀

- 滷製的黑豆干必須冷卻過後才能切，防止碎裂不成型。
- 先用乾鍋將金針菇和香菇炒香，再加入沙拉油炒熟紅蘿蔔，這樣才能讓素三鮮拌麵有蔬菜的鮮甜味。
- 所有調味料要放入鍋中一起調煮，味道才會充分融合，才會順口好吃。

豆皮酥拌麵

主要醬料

醬油及醬油膏

細白麵

適合麵體

▌材料

豆皮 150 克、花生 30 克、芹菜 30 克、香菜 30 克、薑 3 片、白芝麻 1 大匙、麵條 1 人份（250 克）。

▌調味料

醬油膏 1 大匙、醬油 1 大匙、糖 1 茶匙、黑醋 1 茶匙、香油 1 大匙、辣油 1 大匙。

▌做法

1. 先將豆皮煎成金黃色，切片；花生、芹菜、香菜切末；薑切絲備用。

2. 鍋中加入 4 碗水煮滾，將麵條放入煮熟後撈出，並放入碗中備用。

3. 將醬油膏、醬油、糖、黑醋、香油及辣油一起攪拌均勻，加入豆皮片、花生末、芹菜末、香菜末及薑絲攪拌均勻成醬汁，淋在麵條上，最後撒上白芝麻即可。

小叮嚀

- 煎豆皮時，火不能太大，要用油慢慢煎成金黃色。

- 為了讓拌醬更快溶合在一起，一定要用細糖，也較好入味。而且靜放 6 小時會更好吃。

香椿拌麵

主要醬料

香椿醬

+

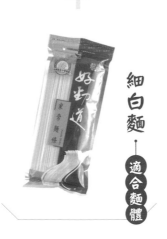

細白麵

適合麵體

▌材料

香椿醬 4 大匙、薑 30 克、香菜 30 克、芹菜 30 克、豆皮 1 片、麵條 1 人份（250克）。

▌調味料

醬油膏 1 大匙、醬油 1 大匙、香油 1 大匙、白醋 1 茶匙、糖 1 茶匙。

▌做法

1. 將豆皮切絲；薑及芹菜切末；香菜切段備用。

2. 鍋中加入 4 碗水煮滾，將麵條放入煮熟後撈出，並放入碗中備用。

3. 將香椿醬、薑末、芹菜末、醬油膏、醬油、香油、白醋及糖一起攪拌均勻成醬汁。

4. 豆皮入鍋煎香後，放在煮好的麵上，再淋上醬汁，最後放上香菜段即可。

小叮嚀

● 煎豆皮時，一定要煎至酥，味道才會香才會好吃。

● 香椿醬味道很香，所以必須注意香油的量不能加太多，也可選擇用橄欖油。

香蕈拌麵

主要醬料

麻油

＋

寬白麵

適合麵體

▍材料

鴻喜菇 50 克、芹菜 30 克、香菜 30 克、素奶油 20 克、麵條 1 人份（250 克）。

▍調味料

鹽適量、白胡椒粉適量、麻油適量。

▍做法

1. 將鴻喜菇切去頭；芹菜切末；香菜切段備用。

2. 用熱鍋將鴻喜菇煎香後，加入調味料炒入味，再加入素奶油炒香，倒入調理機打成醬汁。

3. 鍋中加入 4 碗水煮滾，將麵條放入煮熟後撈出，並放入碗中，淋上香蕈醬，放上芹菜末、香菜段即可。

小叮嚀

香蕈入鍋前不能洗，因為炒蕈類時會產出多醣體，味道會更香也很好吃，一旦洗過會有酸味，變得不好吃，也會炒不出香氣來。

豆干醬拌麵

主要醬料

甜麵醬及豆辦醬

＋

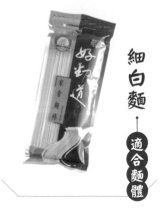

細白麵

適合麵體

▌材料

豆干 3 塊、香菇 3 朵、芹菜 30 克、薑 30 克、玉米粒 30 克、麵條 1 人份（250 克）。

▌調味料

醬油 1 大匙、甜麵醬 3 大匙、糖 2 大匙、豆瓣醬 1 大匙、香油 1 大匙、米酒 1 大匙。

▌做法

1. 將豆干、香菇切丁；芹菜、薑切末備用。

2. 鍋中加入 3 大匙沙拉油加熱，將薑末、芹菜末炒香後，加入豆干丁、香菇丁、豆瓣醬炒香，再放入醬油、甜麵醬、糖和米酒，一起炒成醬汁，起鍋前再加入香油即可。

3. 鍋中加入 4 碗水煮滾，將麵條放入煮熟後撈出，並放入碗中。將玉米粒汆燙過，放在麵條上，淋上醬汁，最後灑上芹菜末即可。

 小叮嚀

- 豆干丁、香菇丁用油炒出香氣，薑磨成泥，都可以增加醬料的味道。
- 注意甜麵醬本身有鹹度，一定要用糖和米酒去調味，醬汁的味道才會順口濃郁。
- 喜歡這道豆干醬，可以大量製作好放入冰箱冷凍保存，再慢慢使用。

甜麵醬拌麵

主要醬料

甜麵醬

+

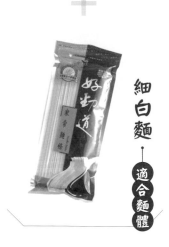

細白麵

適合麵體

▌材料

小黃瓜半條、玉米粒 50 克、紅蘿蔔 50 克、麵條 1 人份（250 克）。

▌調味料

甜麵醬 3 大匙、糖 2 大匙、米酒 3 大匙、香油 1 大匙。

▌做法

1. 將小黃瓜、紅蘿蔔切丁備用。

2. 鍋中倒入少許油，加入甜麵醬炒香後，加糖及米酒煮入味，最後加上香油調成醬汁即可。

3. 鍋中加入 4 碗水煮滾，將麵條放入煮熟後撈出，並放入碗中備用。

4. 將玉米粒、小黃瓜丁及紅蘿蔔丁炒熟後，加入調好的甜麵醬汁拌均勻，淋在麵條上即可。

小叮嚀

● 甜麵醬本身就有鹽的成分，注意鹹度的調整。

● 煮甜麵醬時，要注意不能燒焦，且一定要讓醬汁稠一點，味道才會更香。

味噌素食拌麵

主要醬料

味噌

+

細白麵

適合麵體

▍材料

小黃瓜半條、芹菜 20 克、香菜 20 克、白芝麻 1 茶匙、麵條 1 人份（250 克）。

▍調味料

醬油 1 大匙、米酒 1 大匙、細味噌 1 茶匙、糖 1 大匙。

▍做法

1. 將小黃瓜切絲；芹菜、香菜切末備用。

2. 鍋中加入半碗水煮滾後，加入醬油、米酒、糖煮開，再加入細味噌炒香入味成醬汁備用。

3. 鍋中加入 4 碗水煮滾，將麵條放入煮熟後撈出，並放入碗中，加入煮好的味噌醬，擺入小黃瓜絲、芹菜末、香菜末及白芝麻即可。

小叮嚀

- 煮味噌時，先將味噌加入米酒攪拌均勻，入鍋才容易散，而且不沾鍋。
- 注意煮味噌醬時，鍋邊會比較容易燒焦，需用小火慢慢加熱至糖融化。
- 味噌醬汁煮熟冷卻後，可放入冰箱冷藏，其味道不會改變。

紅油素拌麵

主要醬料

紅油辣椒醬

+

油麵

適合麵體

材料

豆皮 50 克、薑 20 克、芹菜 20 克、香菜 20 克、白芝麻少許、麵條 1 人份（250 克）。

調味料

紅油辣椒醬 3 大匙、醬油 1 大匙、糖 1 茶匙、香油 1 大匙。

做法

1. 豆皮汆燙後切絲；芹菜及香菜切末備用。

2. 鍋中加入 3 大匙油，放入紅油辣椒醬炒成油亮色後，加入醬油、糖及香油炒入味成紅油醬即可。

3. 鍋中加入 4 碗水煮滾，將麵條放入煮熟後撈出，並放入碗中備用。

4. 將做好的紅油醬淋在麵條上，加入豆皮絲擺盤，灑上芹菜末、香菜末、白芝麻即可。

小叮嚀：紅油辣椒醬入鍋時，油一定要熱。而且醬有水分，注意不能炒出焦味，用大火轉至小火慢煮，才能炒出顏色油亮且味道濃郁的紅油辣椒醬汁。

紫菜酥拌麵

主要醬料 → 醬油

＋

細白麵 → 適合麵體

▌材料

紫菜酥 50 克、芹菜 30 克、香菜 30 克、白芝麻 30 克、麵條 1 人份（250 克）。

▌調味料

醬油 3 大匙、糖 2 大匙、白醋 2 大匙、香油 1 大匙。

▌做法

1. 將芹菜、香菜切末備用。

2. 熱鍋加入醬油、糖及白醋煮滾後，冷卻成醬汁後，加入香油備用。

3. 鍋中加入 4 碗水煮滾，將麵條放入煮熟後撈出，並放入碗中，將調味好的醬汁淋在麵條上，擺入紫菜酥、芹菜末、香菜末及白芝麻即可。

小叮嚀

- 紫菜酥用少許的油乾煎後才會酥香。
- 注意調好的醬汁要靜放 6 小時味道會更好。放白醋是為了讓醬汁更清爽滑口。

海苔醬拌麵

主要醬料

海苔醬

寬白麵

適合麵體

▌材料

海苔醬 3 大匙、蛋 1 顆、小黃瓜半條、麵條 1 人份（250 克）。

▌調味料

醬油 1 大匙、香油 1 大匙、糖 1 茶匙。

▌做法

1. 將蛋煎成半熟的荷包蛋；小黃瓜切絲備用。

2. 將海苔醬放入碗中，和醬油、香油、糖及 3 大匙的礦泉水攪拌均勻成醬汁。

3. 鍋中加入 4 碗水煮滾，將麵條放入煮熟後撈出，並放入碗中，淋上調好的醬汁，擺入小黃瓜絲及半熟荷包蛋即可。

小叮嚀

● 做海苔醬汁時，一定要加少量的礦泉水，才容易使醬汁拌入麵中，吃起來才比較滑口。

● 注意海苔醬中的醬油和糖的比例為 1：1，才能使醬汁味道融合在一起，才會好吃。

豆腐乳拌麵

主要醬料

豆腐乳

+

細白麵

適合麵體

▌材料

豆腐乳 3 大塊、玉米粒 30 克、蛋 1 顆、小黃瓜半條、紅蘿蔔 50 克、麵條 1 人份（250 克）。

▌調味料

醬油 1 大匙、米酒 1 大匙、香油 1 大匙、糖 1 茶匙。

▌做法

1. 將小黃瓜、紅蘿蔔切丁，與玉米粒一起汆燙至熟；蛋煎成半熟荷包蛋備用。

2. 豆腐乳放入碗中壓成泥後，加入醬油、米酒、香油及糖攪拌調成醬汁。

3. 鍋中加入 4 碗水煮滾，將麵條放入煮熟後撈出，並放入碗中，淋上調好的醬汁，擺入汆燙好的小黃瓜丁、紅蘿蔔丁、玉米粒和半熟荷包蛋即可。

小叮嚀

- 用湯匙將豆腐乳壓成泥時，可慢慢加入少量的礦泉水，比較容易溶解。
- 煮好的醬汁放置冷卻一段時間，味道會更好。煮過的豆腐乳醬，味道會變得甘甜，顏色也會成油亮色。
- 要使豆腐乳味道更好，不一定要用礦泉水，也可選擇米酒代替，味道會更加甘醇。

古早味辣椒醬拌麵

主要醬料

辣椒醬

+

意麵

適合麵體

▌材料

韭菜 30 克、豆芽菜 30 克、豆皮 1 片、香菜 10 克、蛋 1 顆、麵條 1 人份（250 克）。

▌調味料

古早味辣椒醬 2 大匙、醬油 1 茶匙、香油 1 大匙。

▌做法

1. 將韭菜切段後，與豆芽菜一起汆燙至熟；豆皮汆燙切絲；香菜切段；蛋做成半熟荷包蛋備用。

2. 鍋中加入 4 碗水煮滾，將麵條放入煮熟後撈出，並放入碗中備用。

3. 將古早味辣椒醬、醬油及香油放入碗中攪拌均勻後，淋在煮好的麵條上，加一點麵水，使麵體與醬汁攪拌均勻。再擺上豆芽菜、韭菜段、豆皮絲、香菜段及半熟荷包蛋即可。

小叮嚀

- 古早味辣椒醬本身有鹹度，加入醬油時，份量要拿捏適中，下手不能太重。
- 為了使醬汁與麵條混合得更均勻，可加點麵水會更好攪拌。

泡椒絲拌麵

主要醬料

剝皮辣椒

+

寬白麵

適合麵體

▌材料

剝皮辣椒 5 條、豆皮 1 塊、芹菜 30 克、香菜 30 課、辣椒半支、麵條 1 人份（250 克）。

▌調味料

醬油 1 大匙、糖 1 茶匙、香油 1 大匙。

▌做法

1. 將剝皮辣椒、豆皮切絲；芹菜、香菜和辣椒切末備用。

2. 將芹菜末、香菜末、辣椒末、醬油、糖及香油攪拌均勻成醬汁。

3. 鍋中加入 4 碗水煮滾，將麵條放入煮熟後撈出，並放入碗中。將 3 湯匙麵水和調好的醬汁攪拌均勻，淋在煮好的麵條上，擺上剝皮辣椒絲和豆皮絲即可。

小叮嚀

- 剝皮辣椒和豆皮切絲加在一起攪拌，味道才會融合在一起。如果再加一點香油味道會更好。

- 將切好的剝皮辣椒絲、泡椒汁及豆皮絲一起入鍋加熱煮過，味道會更好。

蛋酥金沙醬拌麵

主要醬料

金沙醬

＋

細白麵

適合麵體

▌材料

蛋 2 顆、芹菜 30 克、香菜 30 克、白芝麻 1 大匙、麵條 1 人份（250 克）。

▌調味料

醬油 1 大匙、糖 1 茶匙、黑醋 1 大匙、香油 1 大匙、金沙醬 3 大匙。

▌做法

1. 將芹菜切末；香菜梗切末，葉子切段備用。

2. 鍋中放入 3 大匙油加熱後，加入打散好的蛋汁且快速攪拌成細絲，炒至酥香後起鍋備用。

3. 鍋中加入 4 碗水煮滾，將麵條放入煮熟後撈出，放入碗中，並將炒好的蛋酥放在麵條上。

4. 將醬油、糖、黑醋、香油、金沙醬、芹菜末和香菜梗末一起放入碗中，攪拌均勻調成醬汁，淋在煮好的麵條上，擺上香菜葉及白芝麻即可。

小叮嚀

- 蛋酥入鍋炒時，火要大且鍋中的油必須熱，加上快速攪拌才可以炒出香脆的蛋酥。
- 醬汁煮好冷卻後，可放入香菜梗末、芹菜末泡製 6 小時，味道會更濃郁。

日式牛丼拌麵

主要醬料 → 日式醬油

+

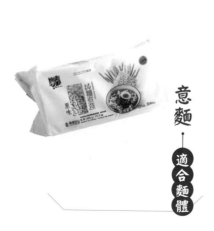

意麵 → 適合麵體

▎材料

高麗菜 50 克、洋蔥 30 克、金針菇 30 克、蔥 1 支、蛋 1 顆、紅蘿蔔 30 克、牛肉片 100 克、麵條 1 人份（250 克）。

▎調味料

日式醬油 1 大匙、味霖 1 大匙、米酒 1 大匙。

▎做法

1. 將高麗菜、洋蔥和紅蘿蔔切絲；蔥切花；蛋打入碗中成蛋液備用。

2. 鍋中加入 4 碗水煮滾，將麵條放入煮熟後撈出，並放入碗中備用。

3. 鍋中加入少許油，將洋蔥絲、高麗菜絲、紅蘿蔔絲及金針菇炒熟後，放入牛肉片炒至半熟時，倒入日式醬油、味霖及米酒一起煮成醬汁，最後將蛋液加入，煮成半熟蛋液後即可。

4. 將醬汁淋在煮好的麵條上，最後灑上蔥花即可。

 小叮嚀

● 注意在煮牛丼醬汁時，不能煮乾醬汁水分，這樣打入蛋液煮至半熟才會更滑口。

● 如果醬汁烹調時間不夠，味道會太淡。

柴魚醬拌麵

主要醬料 → 柴魚醬油

+

細白麵 → 適合麵體

材料

洋蔥30克、小黃瓜30克、小蕃茄3顆、熟食蟹肉棒3個、蔥2支、蛋1顆、麵條1人份（250克）。

調味料

柴魚醬油1大匙、味霖1大匙、米酒1杯。

做法

1. 將米酒倒入鍋中煮開，燒去酒精後，加入柴魚醬油、味霖，轉小火煮5～8分鐘後關火放置冷卻，瀝出柴魚片即可做成柴魚醬汁。

2. 將洋蔥、小黃瓜切絲，泡入冷水中以產生脆度，再撈出瀝乾水分；蕃茄切片；蔥切花；蛋煎成半熟荷包蛋備用。

3. 鍋中加入4碗水煮滾，將麵條放入煮熟後撈出，放入冷水中冷卻。再撈出且瀝乾水分擺入碗中，放入小黃瓜絲、洋蔥絲、蕃茄片、熟食蟹肉棒、半熟荷包蛋及蔥花，最後淋上調好的柴魚醬汁即可。

小叮嚀

- 注意在煮柴魚醬油時，鍋邊不能有焦味，不然醬油會變苦。
- 麵煮熟後，沖冷水時要快速撈出且瀝乾水分，才會使麵條Q彈好吃。

韓國拌飯醬拌麵

主要醬料

韓國拌飯醬

＋

寬白麵

適合麵體

▎材料

小黃瓜 30 克、豆芽 30 克、紅蘿蔔 30 克、蛋皮 30 克、白芝麻 1 茶匙、麵條 1 人份（250 克）。

▎調味料

韓國拌飯醬 3 大匙、蜂蜜 1 大匙、醬油 1 大匙、香油 1 大匙。

▎做法

1. 將小黃瓜、紅蘿蔔及蛋皮切絲；豆芽汆燙熟後，沖冷水撈出瀝乾備用。

2. 碗中加入韓國拌飯醬、蜂蜜、醬油及香油調成拌麵醬備用。

3. 麵條入鍋煮熟後，瀝乾並放入冰水中冷卻 1 ～ 2 分鐘，撈出瀝乾水分放入碗中，放入小黃瓜絲、紅蘿蔔絲、豆芽及蛋皮絲，再淋上調好的醬汁，最後灑上白芝麻即可。

小叮嚀　韓國拌飯醬有一點辣，調入蜂蜜能增加醬汁的濃郁風味。

堅果醬涼拌麵

主要醬料

堅果沙拉醬

＋

油麵

適合麵體

▋材料

綜合生菜 200 克、小蕃茄 3 顆、蛋 1 顆、腰果 5 個、洋蔥 30 克、麵條 1 人份（250克）。

▋調味料

堅果沙拉醬 3 大匙、橄欖油 1 大匙。

▋做法

1. 將洋蔥切絲，泡水去除辣味；生菜洗淨後撈出並瀝乾水分；小蕃茄切半備用。

2. 鍋中加入 4 碗水煮滾，將麵條放入煮熟後撈出放入冷水中，冷卻後撈出且瀝乾水分並放入碗中，擺上綜合生菜、小蕃茄、腰果及洋蔥絲。

3. 蛋入鍋煎成太陽蛋，排入碗中，淋上堅果沙拉醬及橄欖油即可。

小叮嚀

- 堅果沙拉醬加橄欖油會增加香氣，能讓生菜入口時變得滑順又好吃。
- 注意泡生菜的水須用冷水，才能使生菜更脆更好吃。

椰子咖哩拌麵

主要醬料

咖哩醬及椰醬

+

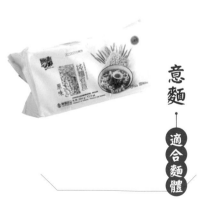

意麵

適合麵體

▌材料

洋蔥 50 克、蛋 1 顆、甜不辣 1 塊、豆皮 30 克、蒜頭 20 克、香菜 20 克、白芝麻 20 克、麵條 1 人份（250 克）。

▌調味料

椰醬 3 大匙、咖哩醬 3 大匙、糖 1 茶匙、醬油 1 大匙、咖哩粉 1 大匙。

▌做法

1. 將洋蔥和蒜頭切末；甜不辣切絲；豆皮汆燙切絲；蛋煮成水波蛋後備用。

2. 熱鍋放入油後，加入洋蔥末及蒜頭末炒香，再加入咖哩醬、咖哩粉一起炒香後，放入糖、醬油、椰醬一起煮成醬汁備用。

3. 鍋中加入 4 碗水煮滾，將麵條放入煮熟後撈出，並放入碗中。擺上豆皮絲、甜不辣絲及水波蛋，淋上調好的醬汁，最後灑上香菜及白芝麻即可。

小叮嚀
- 拌麵時，咖哩醬及麵水的比例要 1：1，才會濃郁好吃。
- 鍋中加入咖哩醬、椰醬等調味料一起煮成醬汁，要放置冷卻後再拌入麵中，比較容易拌開，而且味道會更好。

韓味辣醬拌麵

主要醬料

韓式辣椒醬

+

細白麵

適合麵體

材料

小黃瓜 30 克、豆芽菜 30 克、蛋皮 30 克、黑木耳 30 克、紅蘿蔔 30 克、海苔絲 30 克、白芝麻少許、麵條 1 人份（250 克）。

調味料

韓式辣椒醬 1 大匙、蜂蜜 1 茶匙、醬油 1 茶匙、香油 1 大匙。

做法

1. 將小黃瓜、黑木耳、紅蘿蔔、蛋皮及海苔切絲，汆燙豆芽菜、黑木耳絲及紅蘿蔔絲至熟後撈出，瀝乾水備用。

2. 鍋中加入 4 碗水煮滾，將麵條放入煮熟後撈出，並放入碗中備用。

3. 將韓式辣椒醬、蜂蜜、醬油及香油一起攪拌均勻後，淋在麵條上，擺入小黃瓜絲、黑木耳絲、蛋皮絲、豆芽菜、紅蘿蔔絲及海苔絲，最後灑上白芝麻即可。

小叮嚀 韓式辣椒醬本身就有甜度，所以加入蜂蜜時須注意份量，以免過甜。而加入醬油是為了增加醬汁的醬香味。